Inhalt

Muster

1 Setze das Muster fort.

2 Male Muster.

Muster

3 Male. Immer 4 ● und 4 ●.

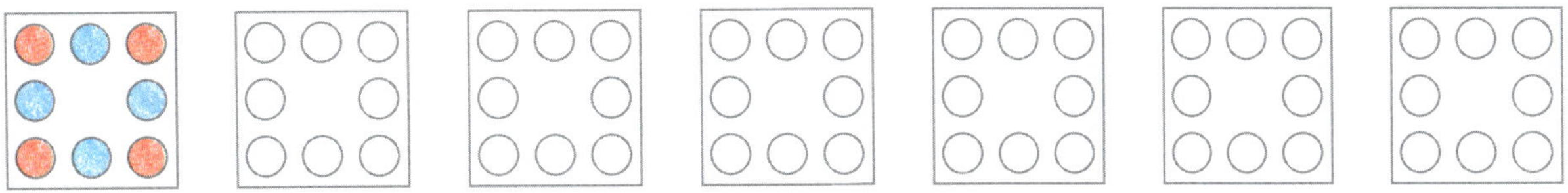

4 Male. Immer 4 ● und 5 ●.

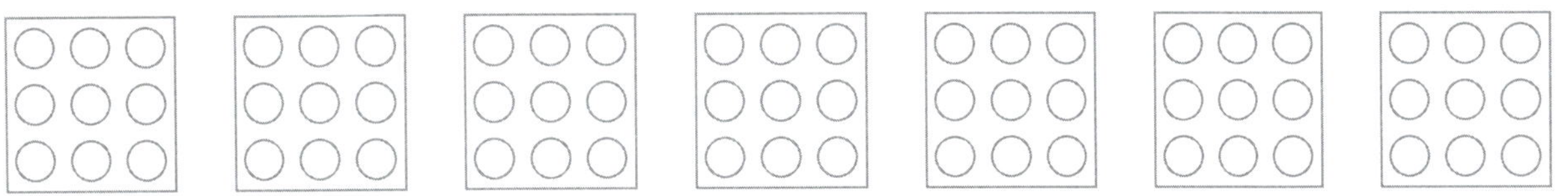

5 Male. Immer 5 ● und 5 ●.

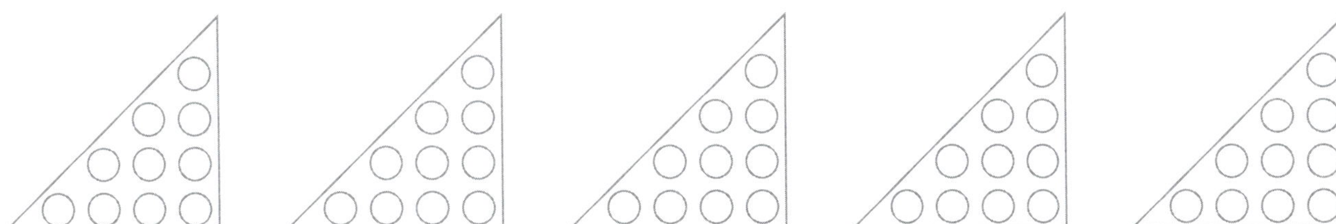

Wie viele mehr?

1 Immer 3 mehr.

1

6

7

5

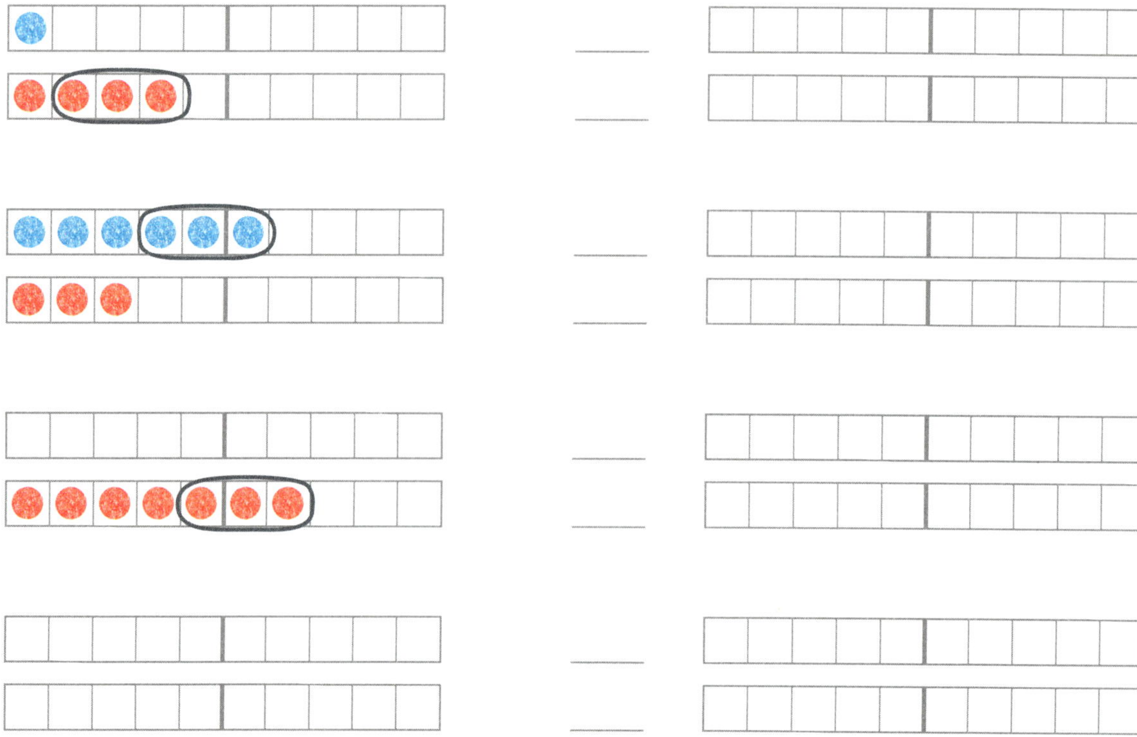

Wie viele mehr?

2 🔴: Immer 2 mehr.

1	6					
3		5				

3 🔵: Immer 4 mehr.

9	6					
5		3				

4 Immer 5 mehr.

1	6					
6		5				

Fünfer und Zehner

1 Zerlege. Immer 5, immer 10.

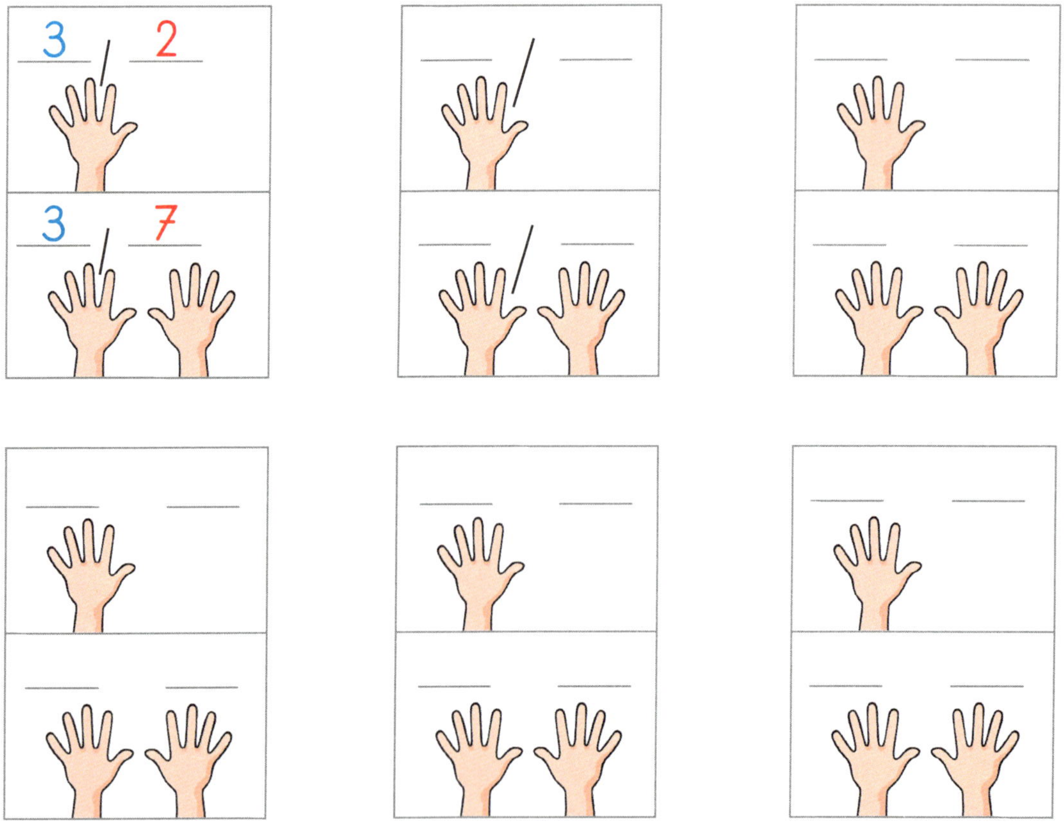

Fünfer und Zehner

2 Immer mit 5, immer mit 10. Vergleiche.

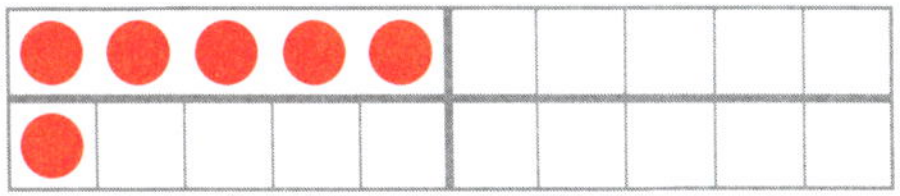

6

5 + ____

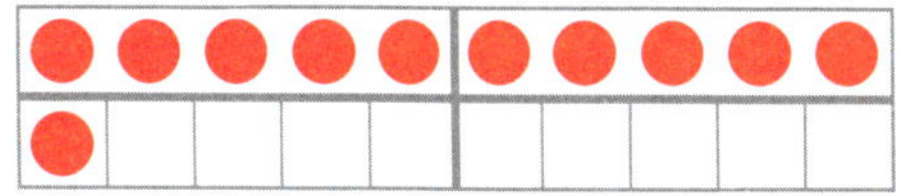

11

10 + ____

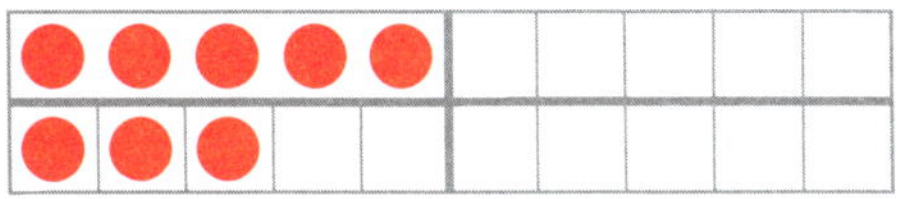

8

5 + ____

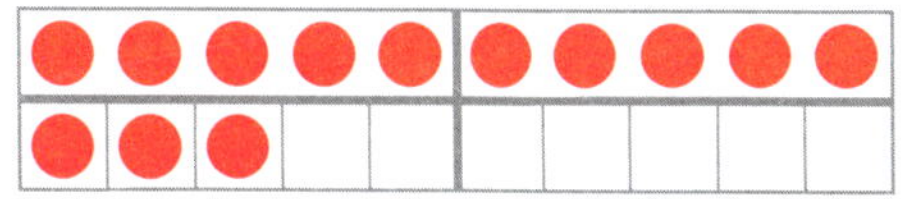

13

10 + ____

3

7

5 + ____

12

10 + ____

5

5 + ____

10

10 + ____

10

5 + ____

15

10 + ____

9

5 + ____

14

10 + ____

Zahlen zerlegen

1 Immer 4.

Zerlege mit 3 Zahlen

und zeichne ein.

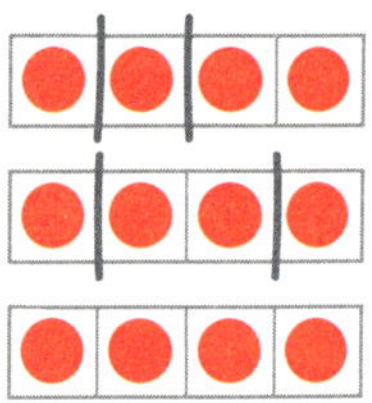

4		
1	1	2
1	2	

2 Immer 5.

Zerlege mit 3 Zahlen

und zeichne ein.

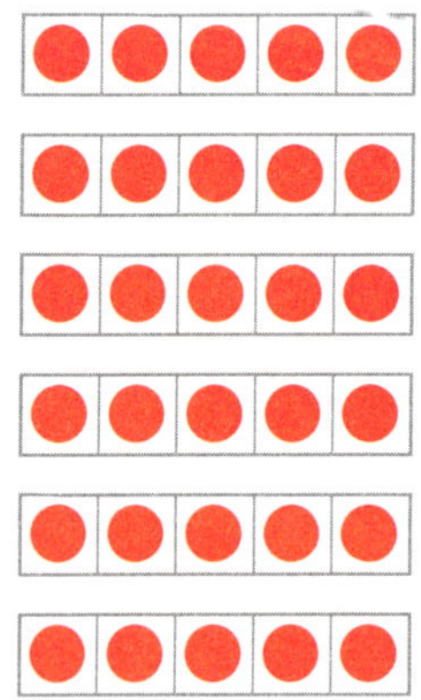

5		

Zahlen zerlegen

3 Immer 6. Zerlege mit 3 Zahlen und vergleiche.

6		
1	1	
1	2	
1		
1		

6		
2	1	
2	2	
2		

6		
3		
3		

6		
4		

4 Immer ____ . Zerlege mit 3 Zahlen.

Münzen

1 Lege immer 10 Euro.

Finde verschiedene Möglichkeiten.

Münzen

2 Immer 20 Euro. Finde verschiedene Möglichkeiten.

Aufgaben vergleichen

1 doppelt und mit 10 .

7 + 7 = ___	6 + 6 = ___	9 + 9 = ___	8 + 8 = ___
10 + 4 = ___	10 + 2 = ___	10 + ___ = ___	10 + ___ = ___

2 mit 5 und mit 10 .

5 + 7 = ___	5 + 9 = ___	5 + 8 = ___	5 + 6 = ___
10 + 2 = ___	10 + 4 = ___	10 + ___ = ___	10 + ___ = ___
7 + 5 = ___	9 + 5 = ___	8 + 5 = ___	6 + 5 = ___
10 + ___ = ___	10 + ___ = ___	10 + ___ = ___	10 + ___ = ___

Aufgaben vergleichen

3

10 + 5 = 15
10 + 6 = ___

7 + ___ = 12
7 + ___ = 13

9 + ___ = 16
___ + ___ = ___

8 + ___ = 17
___ + ___ = ___

14 + ___ = ___
___ + ___ = 18

12 + ___ = ___
___ + ___ = 20

4

10 + ___ = 13
11 + ___ = 13

6 + ___ = 16
7 + ___ = 16

11 + ___ = 15
___ + ___ = ___

9 + ___ = 11
___ + ___ = ___

12 + ___ = ___
___ + ___ = 15

14 + ___ = ___
___ + ___ = 20

Geschickt rechnen

1 mit 10 .

10 + 3 = ___	10 + 1 = ___	10 + 5 = ___	10 + 8 = ___
9 + 4 = ___	9 + 2 = ___	9 + 6 = ___	9 + 9 = ___
10 + 7 = ___	10 + 2 = ___	6 + 10 = ___	4 + 10 = ___
11 + 6 = ___	11 + 1 = ___	5 + 11 = ___	3 + 11 = ___

2 mit 10 .

10 + ___ = 18	10 + ___ = 14	10 + ___ = 17	10 + ___ = 20
___ + 9 = 18	___ + 9 = 14	___ + 9 = 17	___ + 9 = 20
___ + 10 = 13	___ + 10 = 16	___ + 10 = 18	___ + 10 = 15
11 + ___ = 13	11 + ___ = 16	11 + ___ = 18	11 + ___ = 15

Geschickt rechnen

3 Rechne geschickt mit mit 5, mit 10, = 10, doppelt.

4 + <u>8 + 2</u> = 4 + 10 = 14	3 + 5 + 7 = ___ + ___ = ___
4 + 6 + 2 = ___ + ___ = ___	3 + 5 + 5 = ___ + ___ = ___
4 + 4 + 2 = ___ + ___ = ___	3 + 7 + 7 = ___ + ___ = ___
4 + 3 + 2 = ___ + ___ = ___	3 + 2 + 6 = ___ + ___ = ___

4

<u>8</u> + 7 + <u>2</u> = 10 + 7 = 17	6 + 8 + 4 = ___ + ___ = ___
8 + 7 + 3 = ___ + ___ = ___	6 + 8 + 2 = ___ + ___ = ___
8 + 8 + 2 = ___ + ___ = ___	6 + 8 + 6 = ___ + ___ = ___
8 + 1 + 4 = ___ + ___ = ___	6 + 3 + 2 = ___ + ___ = ___

Schöne Päckchen

1

8 + 8 = ___	10 + 10 = ___	10 + 8 = ___	7 + 7 = ___
9 + 7 = ___	9 + 11 = ___	9 + 7 = ___	6 + 8 = ___
10 + 6 = ___	8 + 12 = ___	8 + 6 = ___	5 + 9 = ___
11 + ___ = ___	7 + ___ = ___	7 + ___ = ___	4 + ___ = ___
___ + ___ = ___	___ + ___ = ___	___ + ___ = ___	___ + ___ = ___
___ + ___ = ___	___ + ___ = ___	___ + ___ = ___	___ + ___ = ___

2

6 + ___ = 12	___ + 8 = 14	10 + ___ = 15
5 + ___ = 12	___ + 7 = 14	___ + 7 = 15
4 + ___ = 12	___ + 6 = 14	6 + ___ = 15
3 + ___ = 12	___ + 5 = 14	___ + 11 = 15
___ + ___ = ___	___ + ___ = ___	___ + ___ = ___
___ + ___ = ___	___ + ___ = ___	___ + ___ = ___

Schöne Päckchen

3

10 + 4 + 1 = ___
8 + 5 + 2 = ___
6 + 6 + 3 = ___
4 + 7 + ___ = ___
2 + ___ + ___ = ___
___ + ___ + ___ = ___

10 + ___ + 1 = 15
9 + ___ + 2 = 15
8 + ___ + 3 = 15
7 + ___ + 4 = 15
___ + ___ + ___ = ___
___ + ___ + ___ = ___

8 + 2 + ___ = 20
8 + 3 + ___ = 19
8 + 4 + ___ = 18
8 + ___ + ___ = 17
___ + ___ + ___ = ___
___ + ___ + ___ = ___

4

1 + 15 + 4 = ___
2 + 14 + 4 = ___
3 + 13 + 4 = ___
4 + 12 + ___ = ___
___ + ___ + ___ = ___
___ + ___ + ___ = ___

1 + ___ + 5 = 20
3 + ___ + 4 = 18
5 + ___ + 3 = 16
7 + ___ + 2 = 14
___ + ___ + ___ = ___

2 + 2 + ___ = 14
3 + 3 + ___ = 14
4 + 4 + ___ = 14
5 + 5 + ___ = 14
___ + ___ + ___ = ___
___ + ___ + ___ = ___

Schöne Päckchen

1

8	+	7	=	15	6	+	6	=	___	9	+	5	=	___
9	+	6	=	___	___	+	___	=	___	___	+	___	=	___
___	+	___	=	___	___	+	___	=	___	___	+	___	=	___
___	+	___	=	___	___	+	___	=	___	___	+	___	=	___
___	+	___	=	___	___	+	___	=	___	___	+	___	=	___

2

6	+	9	=	15	4	+	___	=	12	3	+	___	=	14
8	+	7	=	___	___	+	___	=	___	___	+	___	=	___
___	+	___	=	___	___	+	___	=	___	___	+	___	=	___
___	+	___	=	___	___	+	___	=	___	___	+	___	=	___
___	+	___	=	___	___	+	___	=	___	___	+	___	=	___

Schöne Päckchen

3

6	+	9	=	15
8	+		=	
	+		=	
	+		=	
	+		=	

10	+		=	20
	+		=	
	+		=	
	+		=	
	+		=	

5	+		=	14
	+		=	
	+		=	
	+		=	
	+		=	

4

8	+	7	=	15
6	+		=	
	+		=	
	+		=	
	+		=	

	+	2	=	12
	+		=	
	+		=	
	+		=	
	+		=	

	+	7	=	20
	+		=	
	+		=	
	+		=	
	+		=	

Schöne Päckchen

1

6	+	10	=	16
7	+	___	=	15
___	+	___	=	___
___	+	___	=	___
___	+	___	=	___

___	+	8	=	13
___	+	___	=	___
___	+	___	=	___
___	+	___	=	___
___	+	___	=	___

___	+	9	=	14
___	+	___	=	___
___	+	___	=	___
___	+	___	=	___
___	+	___	=	___

2

4	+	13	=	17
6	+	___	=	___
___	+	___	=	___
___	+	___	=	___
___	+	___	=	___

3	+	___	=	15
___	+	___	=	___
___	+	___	=	___
___	+	___	=	___
___	+	___	=	___

1	+	___	=	15
___	+	___	=	___
___	+	___	=	___
___	+	___	=	___
___	+	___	=	___

Schöne Päckchen

3

___ + ___ = ___	___ + ___ = ___	___ + ___ = ___
___ + ___ = ___	___ + ___ = ___	___ + ___ = ___
___ + ___ = ___	___ + ___ = ___	___ + ___ = ___
___ + ___ = ___	___ + ___ = ___	___ + ___ = ___
___ + ___ = ___	___ + ___ = ___	___ + ___ = ___

4

___ + ___ = ___	___ + ___ = ___	___ + ___ = ___
___ + ___ = ___	___ + ___ = ___	___ + ___ = ___
___ + ___ = ___	___ + ___ = ___	___ + ___ = ___
___ + ___ = ___	___ + ___ = ___	___ + ___ = ___
___ + ___ = ___	___ + ___ = ___	___ + ___ = ___

Schöne Päckchen

1

11	+	4	=	___
9	+	5	=	___
7	+	6	=	___
5	+	___	=	___
___	+	___	=	___
-2		___		___

11	+	4	=	___
10	+	6	=	___
9	+	8	=	___
8	+	___	=	___
___	+	___	=	___
___		___		___

11	+	___	=	15
13	+	___	=	16
15	+	___	=	17
___	+	___	=	18
___	+	___	=	19
___		___		___

2

5	+	3	=	___
7	+	4	=	___
___	+	___	=	___
___	+	___	=	___
___	+	___	=	___
+2		+1		+ ___

5	+	3	=	___
6	+	5	=	___
___	+	___	=	___
___	+	___	=	___
___	+	___	=	___
+1		+2		+ ___

5	+	3	=	___
___	+	___	=	___
___	+	___	=	___
___	+	___	=	___
___	+	___	=	___
+0		+3		+ ___

Schöne Päckchen

3

___	+	___	=	5
___	+	___	=	6
___	+	___	=	7
___	+	___	=	___
___	+	___	=	___
↓ ___		↓ ___		↓ ___

___	+	___	=	1
___	+	___	=	3
___	+	___	=	5
___	+	___	=	___
___	+	___	=	___
↓ ___		↓ ___		↓ ___

___	+	___	=	20
___	+	___	=	18
___	+	___	=	16
___	+	___	=	___
___	+	___	=	___
↓ ___		↓ ___		↓ ___

4

___	+	___	=	___
___	+	___	=	___
___	+	___	=	___
___	+	___	=	___
___	+	___	=	___
↓ ___		↓ ___		↓ ___

___	+	___	=	___
___	+	___	=	___
___	+	___	=	___
___	+	___	=	___
___	+	___	=	___
↓ ___		↓ ___		↓ ___

___	+	___	=	___
___	+	___	=	___
___	+	___	=	___
___	+	___	=	___
___	+	___	=	___
↓ ___		↓ ___		↓ ___

Aufgaben vergleichen

1 ◇ 10 .

14 − 4 = ___	13 − 3 = ___	17 − 7 = ___	16 − 6 = ___
14 − 5 = ___	13 − 4 = ___	17 − 8 = ___	16 − 7 = ___
18 − 8 = ___	15 − 5 = ___	19 − 9 = ___	12 − 2 = ___
18 − ___ = ___	15 − ___ = ___	___ − ___ = ___	___ − ___ = ___

2

14 − ___ = 10	17 − ___ = 10	16 − ___ = 10	15 − ___ = 10
___ − 5 = 9	___ − 8 = 9	___ − 7 = 9	___ − 6 = 9

3 ◇ 10 .

12 − 5 = ___	14 − 5 = ___	11 − 5 = ___	13 − 5 = ___
10 − 3 = ___	10 − 1 = ___	10 − ___ = ___	10 − ___ = ___

Aufgaben vergleichen

4

15 – 5 = 10
15 – ___ = 9

14 – ___ = 7
14 – ___ = 6

16 – ___ = 11
___ – ___ = ___

13 – ___ = 6
___ – ___ = ___

17 – ___ = ___
___ – ___ = 9

12 – ___ = ___
___ – ___ = 5

5

13 – ___ = 10
12 – ___ = 10

16 – ___ = 11
15 – ___ = 11

14 – ___ = 9
___ – ___ = ___

11 – ___ = 5
___ – ___ = ___

18 – ___ = ___
___ – ___ = 9

20 – ___ = ___
___ – ___ = 10

Schöne Päckchen

1

12 − 8 = ___	12 − 8 = ___	12 − 8 = ___	15 − 5 = ___
13 − 7 = ___	11 − 7 = ___	13 − 9 = ___	14 − 6 = ___
14 − 6 = ___	10 − 6 = ___	14 − 10 = ___	13 − 7 = ___
15 − 5 = ___	9 − 5 = ___	15 − 11 = ___	12 − 8 = ___
___ − ___ = ___	___ − ___ = ___	___ − ___ = ___	___ − ___ = ___
___ − ___ = ___	___ − ___ = ___	___ − ___ = ___	___ − ___ = ___

2

12 − ___ = 5	___ − 8 = 10	20 − ___ = 12
13 − ___ = 5	___ − 7 = 10	___ − 6 = 12
14 − ___ = 5	___ − 6 = 10	16 − ___ = 12
15 − ___ = 5	___ − 5 = 10	___ − 2 = 12
___ − ___ = 5	___ − ___ = 10	___ − ___ = 12
___ − ___ = ___	___ − ___ = 10	

Schöne Päckchen

3

8 − 7 = 1	10 − 6 = ___	5 − 5 = ___
9 − 6 = ___	___ − ___ = ___	___ − ___ = ___
___ − ___ = ___	___ − ___ = ___	___ − ___ = ___
___ − ___ = ___	___ − ___ = ___	___ − ___ = ___
___ − ___ = ___	___ − ___ = ___	___ − ___ = ___

4

12 − 9 = 3	10 − ___ = 2	9 − ___ = 0
14 − 7 = ___	___ − ___ = ___	___ − ___ = ___
___ − ___ = ___	___ − ___ = ___	___ − ___ = ___
___ − ___ = ___	___ − ___ = ___	___ − ___ = ___
___ − ___ = ___	___ − ___ = ___	___ − ___ = ___

Schöne Päckchen

1

16	–	5	=	11		___	–	1	=	13		7	–	___	=	4
17	–	___	=	10		___	–	___	=	___		___	–	___	=	___
___	–	___	=	___		___	–	___	=	___		___	–	___	=	___
___	–	___	=	___		___	–	___	=	___		___	–	___	=	___
___	–	___	=	___		___	–	___	=	___		___	–	___	=	___

2

19	–	7	=	12		12	–	___	=	8		10	–	___	=	9
18	–	___	=	11		___	–	___	=	___		___	–	___	=	___
___	–	___	=	___		___	–	___	=	___		___	–	___	=	___
___	–	___	=	___		___	–	___	=	___		___	–	___	=	___
___	–	___	=	___		___	–	___	=	___		___	–	___	=	___

Schöne Päckchen

3

___	–	___	=	___		___	–	___	=	___		___	–	___	=	___
___	–	___	=	___		___	–	___	=	___		___	–	___	=	___
___	–	___	=	___		___	–	___	=	___		___	–	___	=	___
___	–	___	=	___		___	–	___	=	___		___	–	___	=	___
___	–	___	=	___		___	–	___	=	___		___	–	___	=	___

4

___	–	___	=	___		___	–	___	=	___		___	–	___	=	___
___	–	___	=	___		___	–	___	=	___		___	–	___	=	___
___	–	___	=	___		___	–	___	=	___		___	–	___	=	___
___	–	___	=	___		___	–	___	=	___		___	–	___	=	___
___	–	___	=	___		___	–	___	=	___		___	–	___	=	___

Schöne Päckchen

1

15 − 4 = ___
16 − 5 = ___
17 − 6 = ___
18 − ___ = ___
___ − ___ = ___

+1 ___ ___

15 − 4 = ___
14 − 3 = ___
13 − 2 = ___
12 − 1 = ___
___ − 0 = ___

___ ___ ___

15 − ___ = 11
14 − ___ = 9
13 − ___ = 7
___ − ___ = 5
___ − ___ = 3

___ ___ ___

2

12 − 6 = ___
14 − 7 = ___
___ − ___ = ___
___ − ___ = ___
___ − ___ = ___

+2 +1 + ___

12 − ___ = 6
13 − 8 = ___
___ − ___ = ___
___ − ___ = ___
___ − ___ = ___

+1 +2 − ___

___ − 3 = 6
___ − ___ = ___
___ − ___ = ___
___ − ___ = ___
___ − ___ = ___

___ +3 +0

Schöne Päckchen

3

___	–	___	=	5
___	–	___	=	6
___	–	___	=	7
___	–	___	=	___
___	–	___	=	___

___	–	___	=	1
___	–	___	=	3
___	–	___	=	5
___	–	___	=	___
___	–	___	=	___

___	–	___	=	20
___	–	___	=	18
___	–	___	=	16
___	–	___	=	___
___	–	___	=	___

4

___	–	___	=	___
___	–	___	=	___
___	–	___	=	___
___	–	___	=	___
___	–	___	=	___

___	–	___	=	___
___	–	___	=	___
___	–	___	=	___
___	–	___	=	___
___	–	___	=	___

___	–	___	=	___
___	–	___	=	___
___	–	___	=	___
___	–	___	=	___
___	–	___	=	___

Zahlenraupen

1 Vergleiche. Was fällt dir auf? Zeichne ein.

Immer + 4

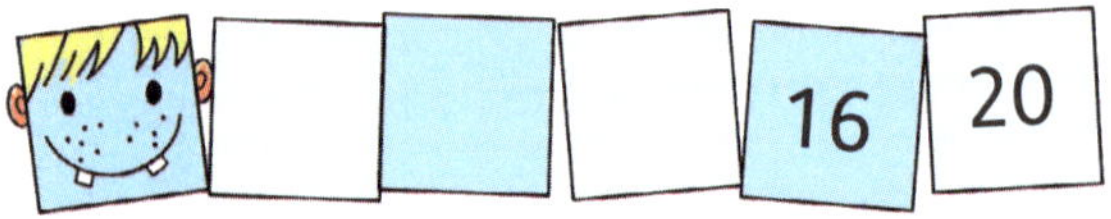

Immer + 4

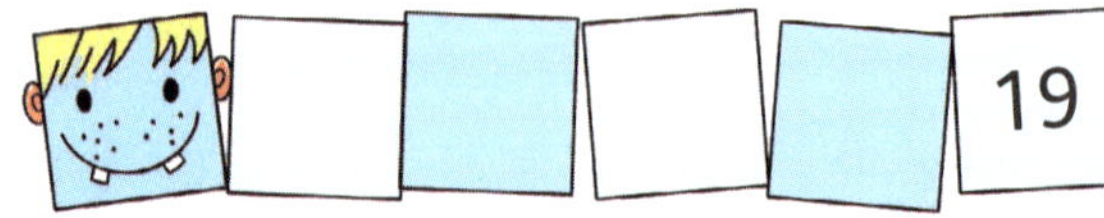

Immer + 4

Immer + 4

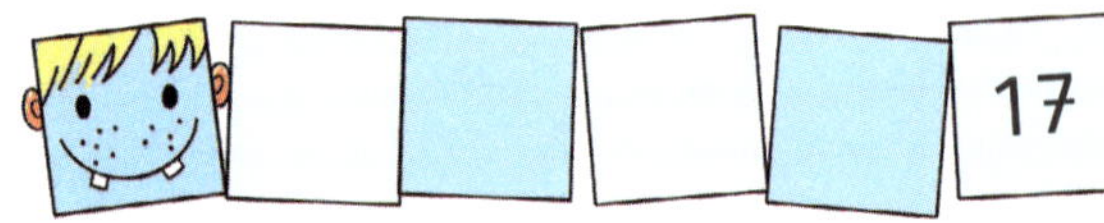

2 Vergleiche. Findest du eine passende Zahlenraupe?

Immer + ____

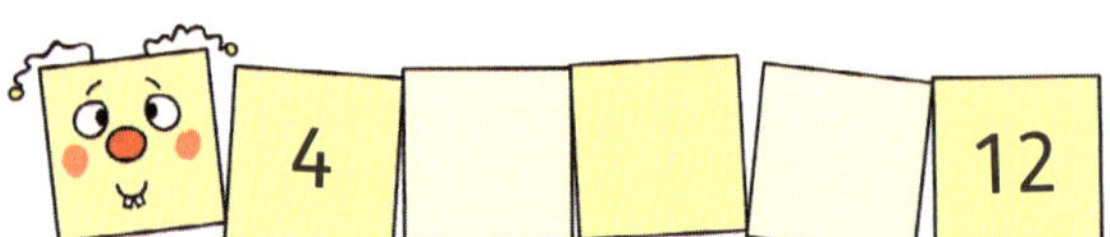

Immer + ____

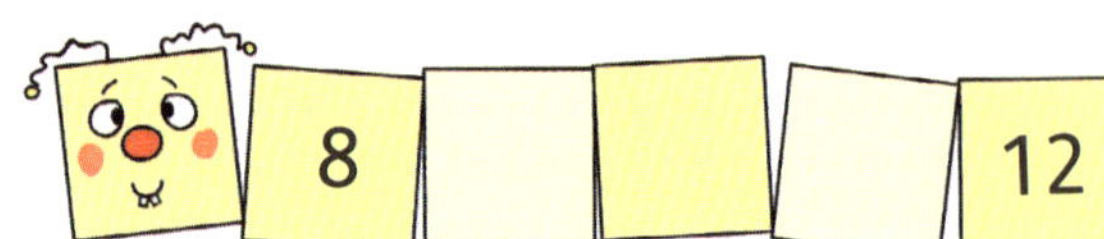

Zahlenraupen

3 Finde Zahlenraupen mit derselben Mittelzahl.

Immer + ____

Immer + ____

Immer + ____

4 Finde Zahlenraupen mit derselben Mittelzahl.

Immer + ____

Immer + ____

Nachbaraufgaben

1 Finde und rechne die Nachbaraufgaben.

7 + 5 = __
__ + 5 = 11
__ + 6 = 13
6 + 6 = __
__ + 6 = 11
__ + 7 = 13
5 + 7 = __

9 + __ = 16
8 + __ = 15
9 + __ = 17
8 + 8 = __
7 + __ = __
8 + __ = __
__ + __ = __

9 + __ = 12
8 + __ = 11
9 + __ = __
8 + __ = 12

9 + __ = 15
10 + __ = 17
8 + 6 = __
9 + 7 = __
10 + 8 = __
8 + __ = __
9 + __ = __

Nachbaraufgaben

2 Finde und rechne die Nachbaraufgaben.

13 – 7 = ___

___ – 7 = 5

___ – 8 = 6

13 – 8 = ___

___ – 8 = 4

___ – 9 = 5

13 – 9 = ___

10 – ___ = ___

9 – ___ = 3

11 – ___ = 4

10 – 7 = ___

9 – ___ = ___

11 – ___ = ___

___ – ___ = ___

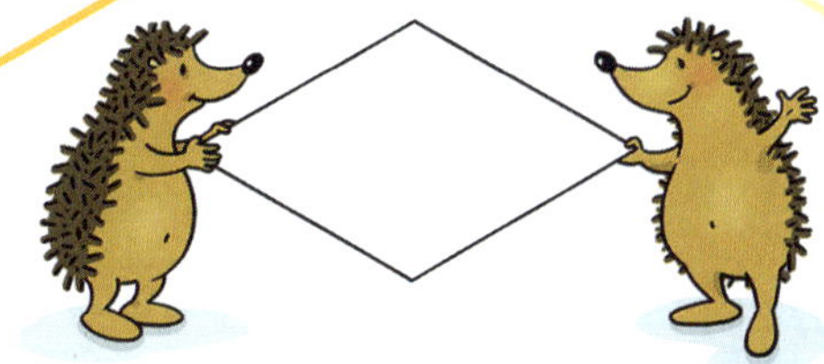

14 – 7 = ___

13 – 7 = ___

15 – 8 = ___

___ – ___ = ___

9 – ___ = 4

11 – ___ = 5

8 – 5 = ___

10 – 6 = ___

12 – 7 = ___

9 – ___ = ___

11 – ___ = ___

Plusaufgaben mit gleichen Zahlen

1 Kreise ein und rechne. Was fällt dir auf?

2 Vierer

$4 + 4 =$

4 Zweier

$2 + 2 + 2 + 2 =$

2 Dreier

3 Zweier

2 Finde die Partneraufgabe. Schreibe und male.

2 Fünfer

5 Zweier

3 Vierer

4 Dreier

Plusaufgaben mit gleichen Zahlen

3 Ein Bild – immer 2 Aufgaben? Kreise ein.

2 mal 4 = 8

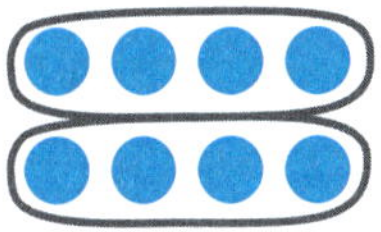

4 mal 2 =

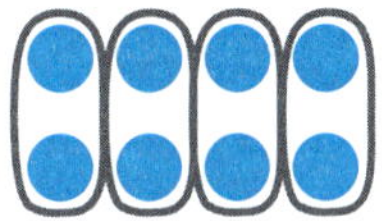

2 mal 3 =

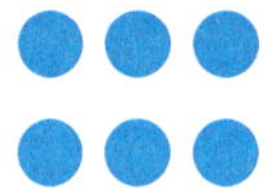

3 mal 2 =

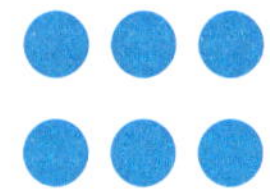

3 mal   =

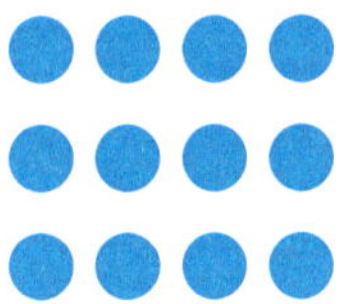

4 mal   =

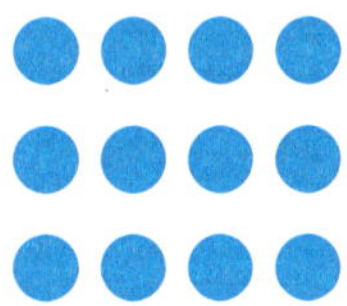

mal   =

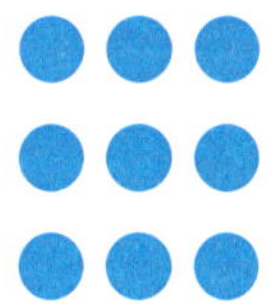

mal   =

mal   =

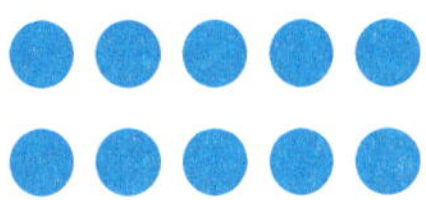

mal   =

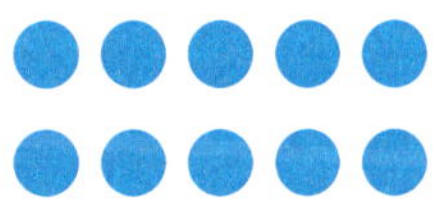

mal   =

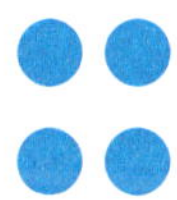

mal   =

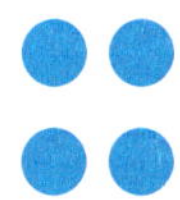

Zahlenmauern

1

10	0	10

9	0	11

8	0	12

7	0	13

2

9	1	9

8	1	10

7	1	11

6	1	12

3

8	2	8

7	2	9

6	2	10

5	2	11

Zahlenmauern

4

20 | 20 | 20 | 20

5

20 | 20 | 20 | 20

6

20 | 20 | 20 | 20

Zahlenmauern

1

	5	5		4	
	6	6		4	
	7	7		4	
	8	8		4	

2

	5	5	2		2
	6	6	2		2
	7	7	2		2
	8	8	2		2

3

10			3	2	
12				3	4
14	7			2	
16		8		2	

Zahlenmauern

4

	10	
	5	

	10	
	4	

	10	
	3	

	10	
	2	

5

	15	
	4	

	15	
	5	

	15	
	6	

	15	
	7	

6

	20	
17		

	20	
18		

	20	
19		

	20	
20		

Zahlenmauern

1

	16	
	0	

	16	
	0	

	16	
	0	

	16	
	0	

2

	16	
	1	

	16	
	1	

	16	
	1	

	16	
	1	

3

	16	
	2	

	16	
	2	

	16	
	2	

	16	
	2	

Zahlenmauern

4

	14			14			14			14	
	0			0			0			0	

5

	14			14			14			14	
	1			1			1			1	

6

	14			14			14			14	
	2			2			2			2	

Rechenrätsel

1 Wie viele Räder? Überlege mit einer Tabelle.

8 Roller haben

____ Räder.

	1	2	4
	2	4	

10 Roller haben

____ Räder.

5 Autos haben

____ Räder.

	1	2	
	4	8	

____ Autos haben

____ Räder.

Rechenrätsel

2 Wie viele Fahrzeuge? Überlege mit einer Tabelle.

____ Roller haben
8 Räder.

	1	
	2	4

____ Roller haben
14 Räder.

____ Autos haben
16 Räder.

	1	
	4	8

____ Autos haben
____ Räder.

Rechenrätsel

1 Es sind immer 18 Kinder. Male und überlege.

Es sind gleich viele Jungen und Mädchen.

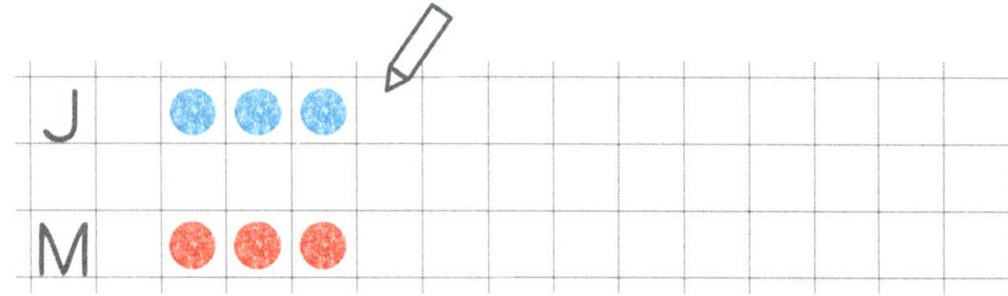

Es sind 2 Mädchen mehr als Jungen.

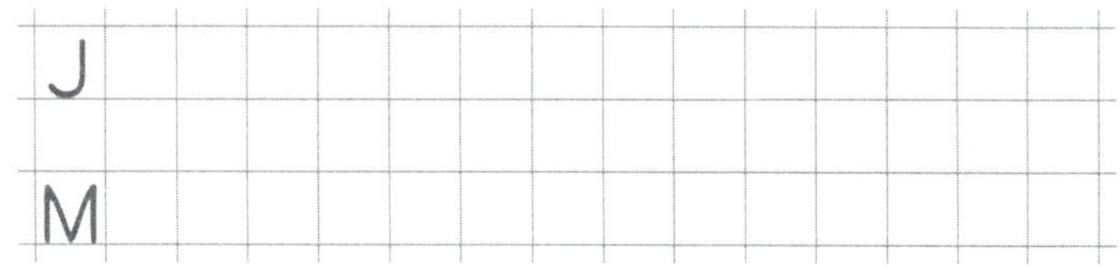

Es sind 4 Jungen mehr als Mädchen.

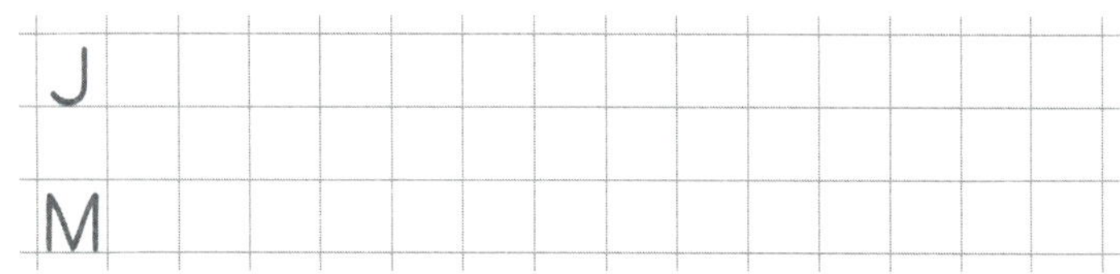

Es sind halb so viele Jungen wie Mädchen.

Rechenrätsel

2 Es sind immer 12 Kinder. Kann das sein? Male und überprüfe.

Es sind gleich viele Jungen und Mädchen.

J

M

Es sind 3 Jungen mehr als Mädchen.

J

M

Es sind doppelt so viele Jungen wie Mädchen.

J

M

Es sind 3-mal so viele Mädchen wie Jungen.

J

M

Immer der Reihe nach

1 12 Kinder stehen in der Reihe.

Lena steht **an** der 7. Stelle, Mila steht **an** der 2. Stelle.

Wie viele Kinder stehen **zwischen** Mila und Lena? ____________

Wie viele Kinder stehen **hinter** Lena? ____________

Wie viele Kinder stehen **hinter** Mila? ____________

2 15 Kinder stehen in der Reihe.

Eric steht **an** der 9. Stelle, Murat steht **an** der 3. Stelle.

Wie viele Kinder stehen **zwischen** Murat und Eric? ____________

Wie viele Kinder stehen **hinter** Eric? ____________

Wie viele Kinder stehen **hinter** Murat? ____________

Immer der Reihe nach

3 Paul steht **an** der 6. Stelle in der Reihe. **Hinter** Paul stehen 5 Kinder.

Wie viele Kinder stehen in der Reihe? ____________

4 Paul steht **an** der 6. Stelle. Marta steht 3 Plätze **hinter** Paul.

An welcher Stelle steht Marta? ____________

5 **Vor** Till stehen 3 Kinder. **Hinter** Till stehen 6 Kinder.

Wie viele Kinder stehen in der Reihe? ____________

6 12 Kinder stehen in einer Reihe. **Hinter** Kim stehen 5 Kinder.

An welcher Stelle steht Kim? ____________

Münzen

1 Lege immer mit 5 Münzen.

5 Cent

6 Cent

7 Cent

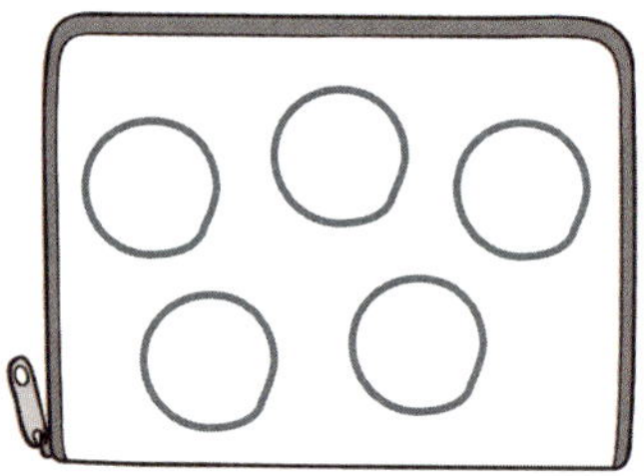

8 Cent

9 Cent

10 Cent

Münzen

2 Immer 5 Münzen.

Was kannst du legen? Male oder streiche durch.

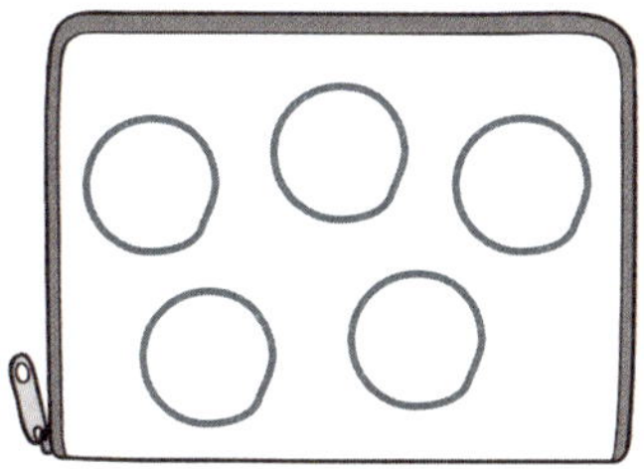

15 Cent

16 Cent

17 Cent

18 Cent

19 Cent

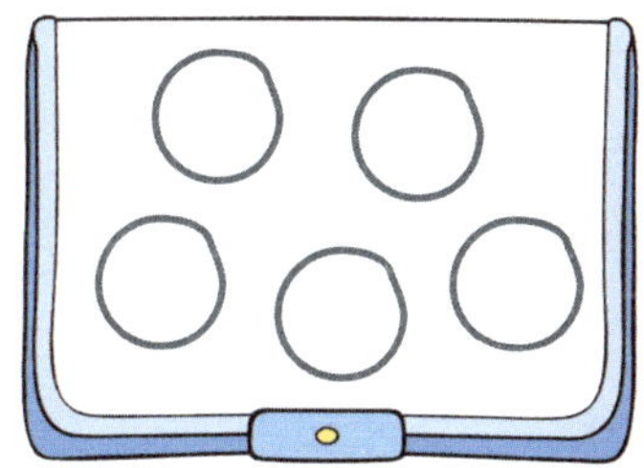

20 Cent

Kombinatorik

1 3 Dreiecke und 2 Quadrate.

Wie viele Häuser gibt es? 

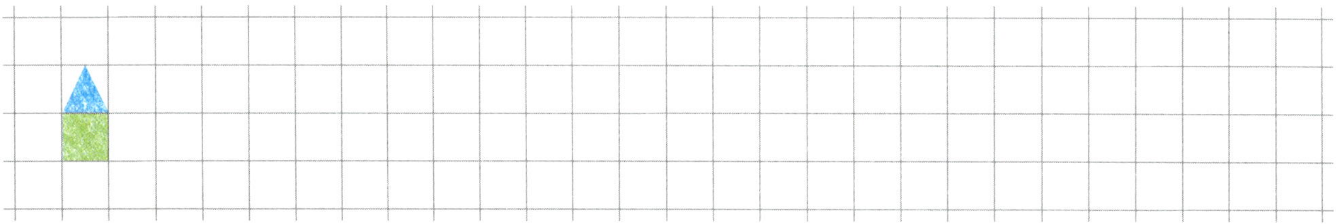

2 1 Quadrat mehr.

Wie viele Häuser gibt es? 

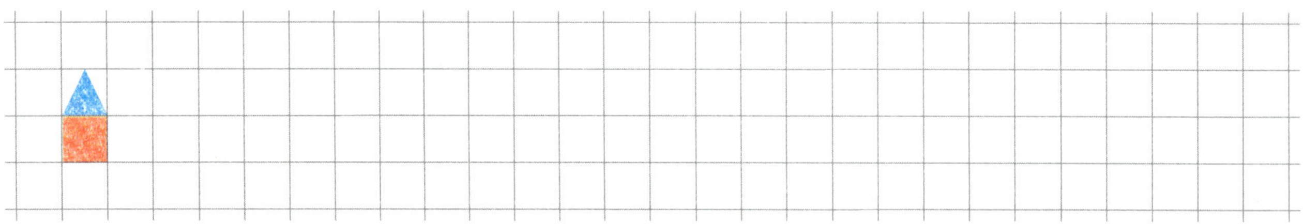

Kombinatorik

3 1 Dreieck mehr.

Wie viele Häuser gibt es? 

4 4 Dreiecke und 3 Quadrate.

Wie viele Häuser gibt es? 

Kombinatorik

1 Viele Klötze in 3 Farben.

Wie viele Türme mit 2 Klötzen?

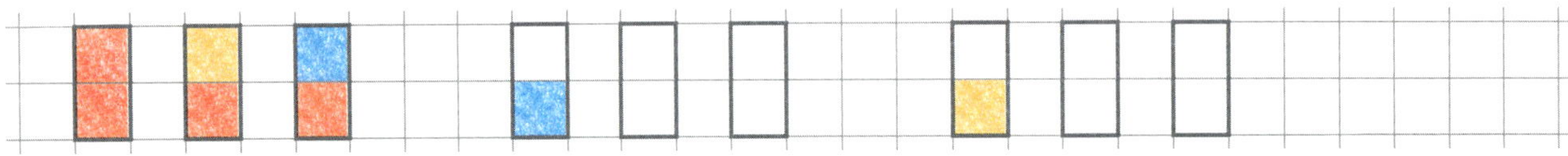

2 Eine Farbe mehr.

Wie viele Türme mit 2 Klötzen?

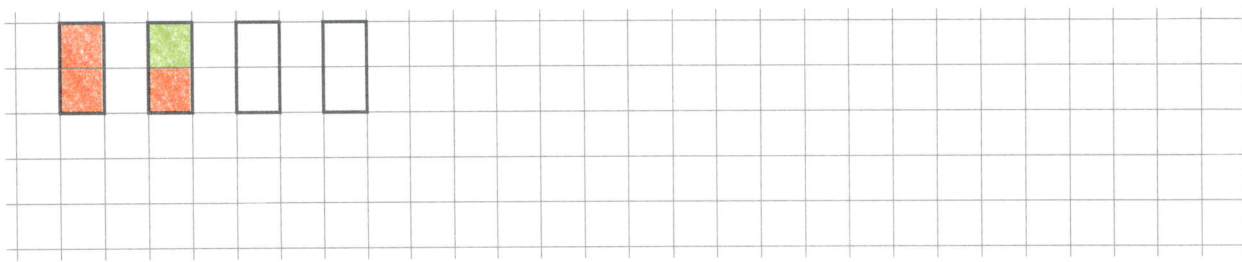

Kombinatorik

3 Türme mit 3 Klötzen.

Wie viele? Vergleiche.

Das habe ich geschafft!

Male die Pilze aus. Für jede fertige Seite einen.